少年探险家

Insieme nella foresta

拯救大猩猩

[意] 萨拉·拉塔罗 著

张密 译

青岛出版集团 | 青岛出版社

Original title: INSIEME NELLA FORESTA

© 2021, De Agostini Libri S.r.l., www.deagostinilibri.it

Texts © Sara Rattaro, 2021

Illustrations © Roberta Palazzolo, 2021

本作品中文简体版由中华版权代理有限公司授权青岛出版社有限公司出版
发行。未经许可，不得翻印。

山东省版权局著作权合同登记号　图字：15-2024-25 号

图书在版编目（CIP）数据

拯救大猩猩 /(意) 萨拉·拉塔罗著；张密译 . —青岛：青岛出版社，2024.6
ISBN 978-7-5736-2197-9

Ⅰ.①拯…　Ⅱ.①萨…②张…　Ⅲ.①动物—儿童读物
Ⅳ.① Q95-49

中国国家版本馆 CIP 数据核字 (2024) 第 077462 号

ZHENGJIU DAXINGXING

书　　名	拯救大猩猩
丛 书 名	少年探险家
作　　者	[意] 萨拉·拉塔罗
译　　者	张　密
出版发行	青岛出版社
社　　址	青岛市崂山区海尔路 182 号（266061）
本社网址	http://www.qdpub.com
策　　划	连建军　魏晓曦
责任编辑	吕　洁　王　琰　江　冲
文字编辑	窦　畅　邓　荃
美术编辑	孙　琦　孙恩加
照　　排	青岛新华出版照排有限公司
印　　刷	青岛海蓝印刷有限责任公司
出版日期	2024 年 6 月第 1 版　2024 年 6 月第 1 次印刷
开　　本	16 开（710mm×1000mm）
印　　张	6
字　　数	60 千
书　　号	ISVN 978-7-5736-2197-9
定　　价	28.00 元

编校印装质量、盗版监督服务电话　4006532017　0532-68068050

目录

开启新冒险

学校放假已经几周了，夏天的一个晚上，萨拉和萨穆埃莱家的电话响个不停。萨穆埃莱看着妈妈把听筒放在耳边，眼睛盯着墙看，跟她听到什么有趣的事情时一样。于是，萨穆埃莱调低了电视的音量，好听清妈妈的聊天内容。

"你想去非洲度假吗？"妈妈刚挂断电话，就问他。

"又去非洲？这次我们要去救助什么动物呢？"萨穆埃莱兴奋地问。一年前，救助一头名为巴杜的"发疯的"小母象，并与它结下珍贵的友谊，这一直是萨穆埃莱最喜欢并亲身参与其中的故事。

"为了开展一项非常重要的研究，我要去观察一群大猩猩的行为。既然放假了，你可以和我一起去。不过，这一次你必须答应我，你要听我的话，不要自己行动！明白吗？"

等妈妈离开后，萨穆埃莱高兴地跳到沙发上。他将再次走进非洲，再次实现自己的梦想。

那天晚上，在入睡之前，萨穆埃莱让妈妈给他讲讲关于大猩猩的事情，如果幸运的话，他很快就会亲眼看到这些动物。

"我想想……我可以告诉你，大猩猩与我们真的很像。"

"真的吗？但它们全身都是毛啊……"

"确实，它们全身都是毛，但你想啊，与我们一样，它们也有 20 颗乳牙，也会掉牙，然后换上陪伴它们一生的恒牙。"

萨穆埃莱把一根手指放在嘴边，开始数他的牙齿。

"它们还可以直立行走，公猩猩站起来的时候，身高甚至可以超过男性人类的平均身高……"

"但仅仅是身体形态上相似吗？"

"当然不是，宝贝！它们是有防御机制的动物，当感觉到被攻击或是有人或其他动物威胁到它们家庭成员的安全时，它们就会变得具有攻击性……就跟我们一样，它们也非常重感情，尤其是小猩猩，要被妈妈抱在怀里好几个月。"

"我小的时候你也总把我抱在怀里吗？"

"我给你喂奶、哄你睡觉的时候经常抱着你……对所有人类和猿类动物来说，这再正常不过了！"

"那它们能活多久？"

"它们的寿命很长，如果幸运的话，大概能活到50岁……"

"你的意思是……"

"等到了加蓬，我再给你解释。现在睡觉！"

"晚安，妈妈。"

"晚安，宝贝。"

七月，萨拉和萨穆埃莱到达了加蓬的首都利伯维尔。加蓬位于中非，气候炎热，因为横跨赤道，所以太阳一刻不停地照耀着这片大地。总而言之，萨穆埃莱终于明白了人们所说的"非洲之热"是什么意思。

萨拉是一位著名的动物行为学家，主要研究动物行为。这次非洲之行，她不是为紧急情况而赶来救援的，而是为了帮助一位相识多年的同事观察几种大猩猩。萨穆埃莱早已迫不及待地想要了解那些体形庞大的动物，他之前经常看到大猩猩，但很遗憾只是在照片上。不过，在等待出发考察的日子里，妈妈给他讲了许多关于大猩猩的故事。

萨拉的同事安德烈亚在机场外等着他们，他将送他们去住宿地所在的保护区。

安德烈亚身材瘦削，穿着宽松的绿色工装裤和白T恤，满面笑意。

"你一定是萨穆埃莱吧？你妈妈经常在信中提到你……"

萨穆埃莱按照妈妈教他的与安德烈亚握手。他很开心妈妈提到过自己。

很快，他们就坐上吉普车，驶离利伯维尔。旅途相当漫长，因为吉普车的发动机会在太阳照射下迅速升温，所以必须时不时地停下来降温。笔直的公路像刀锋一般将广袤的土地一分为二。如果一定要描述车窗外的风景，萨穆埃莱肯定会说，目之所及都是未经修饰的自然。除了阳光下绿意满盈、枝繁叶茂的大树，他几乎看不到别的。真是美极了！穿过一望无际的森林后，一条河流突然出现在他们面前，沿着河边的红土路，他们来到了一扇木头栅栏门前。门敞开着，好像有人在等他们。

"你们就住这儿……"安德烈亚说着，透过吉普车的车窗指了指离科考村栅栏门不远的房子。萨穆埃莱想，他们一定离河流不远，因为就算看不见，也能清楚地听到潺潺的水声。

附近还有其他房子，全都大同小异。安德烈亚曾说过，除了他和萨拉，科考村里还住着其他研究人员，会辅助他们工作。就这样，萨穆埃莱从吉普车上下来，环顾四周，寻找指向他住所的标志，结果真的就毫不费力地找到了——离房门不远处有一块巨石。它似乎是直接从地里冒出来的，就像被大地吐出来的一样。萨穆埃莱觉得他再也不会找不到回家的路了。

房间内部宽敞，装修简洁。萨穆埃莱在床边整理物品，萨拉打开他们的行李，把东西都整齐地放入一个没有门的柜子里。

梳洗一番之后，母子二人决定出去散散步。

萨拉比平时更加放松。可以看出，她不像以往在救援行动中那样忧心忡忡，萨穆埃莱很高兴看到她这样。

"那是什么树？"萨穆埃莱指着科考村正中的一棵外观奇特的大树，惊呼道。非洲的一切看起来都那么大，巨石、大树……

"猴面包树！"他母亲回答道，"他们称它为魔法树……"

"为什么是魔法树？"

"因为它有许多功效。它的叶子可以治疗很多种皮肤病，它的种子可以提炼出一种很珍贵的油来治疗晒伤。"

"我看你们都已经安顿好了，走吧，带你们去看看村子里的其他地方！"安德烈亚打断了他们的对话，然后带他们参观了热闹拥挤的餐厅、厨房，在介绍了村主任戴金和其他研究人员之后，把他们带到了他的办公室。

房间装饰简朴，墙上挂着一些生动的照片：全是皮毛黑而浓密的大猩猩。

"我从没见过这么像人的动物！"萨穆埃莱盯着那些照片惊叹道。

"有一个可信度颇高的理论认为，人类与大猩猩是近亲。从基因上看，人类和猿类的相似度的确很高。"安德烈亚笑着回答道，萨拉则坐在他的对面。

"这个保护区有多少只大猩猩？"萨拉迅速进入了角色。

"整个洛佩国家公园大约有 3000 只。"

"数量可观……"她评论道。

"我们为大猩猩的繁殖投入了许多人力、物力资源，现在这个结果也令人满意。自从加蓬禁食野味之后，情况已经好转。"

"野味是什么？"萨穆埃莱好奇地插话。

"在一些餐厅，流行为富有的客人提供野生动物来食用，这些野生动物大都是直接在当地森林被猎杀的。"

"什么？吃野生动物？"萨穆埃莱震惊地张大嘴巴。

"幸好现在没有了，这也减少了偷猎者对野生动物的猎杀。大猩猩和黑猩猩就因为这种荒谬的做法付出了高昂的代价。在一些国家，如喀麦隆，它们正面临灭绝的危险……"

萨拉无奈地摇摇头。萨穆埃莱盯着她，他很清楚这个

话题让她很困扰。

　　为了转换话题，萨拉问道："这次我们要怎么开展工作呢？"

　　安德烈亚转向她。

"我们推测，大猩猩可能会自我治疗。几个月来，我们一直在观察一群大猩猩，越来越确信它们会像我们一样，根据自己的需求选择食物。当它们胃痛或选择特定植物作为抗寄生虫药物时，它们的体重会变轻……"

萨拉立刻认真专注起来，问道："根据什么得出这样的结论？"

安德烈亚给她看了一张照片。

"根据沙基！"他指着定格在照片中的大猩猩，兴高采烈地说。

"这是一只12岁的母猩猩，与其他大猩猩生活在一起。有一天，它生病了。我们之所以注意到这一点，是因为与它年龄相仿的大猩猩和族群里其他年轻大猩猩在玩耍或吃饭时，它却在睡觉。那几天它几乎一动不动，好像身体不舒服。几天后，它所在的族群开始迁徙，我们注意到途中沙基停在一株植物前，撕下一根枝条，细细咀嚼上面的果实后吐出了纤维部分……"

萨穆埃莱和萨拉盯着安德烈亚，听得入迷。

"在它们离开后，我们去采集了那种植物的一些样本并对其进行了分析。"

"你们发现了什么？"

"这种植物，更确切地说是灌木，叫作驱虫斑鸠菊，能够杀死一些寄生虫。有趣的是，它的茎含有一些有毒物质，这就可以解释为什么沙基不吃它的茎了。"

"你是说，沙基吃了那种植物后感觉好多了？"

"是的。第二天，它又开始吃它喜欢的姜和无花果，但最重要的是，它恢复了社交生活……"

"太好了！"萨拉惊呼道，"我想我们后面的工作就是要了解这种自我治疗的本领是它与生俱来的，还是其他大猩猩教给它的。"

"的确！因此，接下来的几天我们将跟着大猩猩活动，尽量不要打扰它们，记录它们所有与自我治疗有关的活动……"

"我们就像生态学家迈克尔·费伊那样，不是吗，萨穆埃莱？"萨拉大声说着，冲儿子眨了眨眼。

说起来，这似乎是一件简单而有趣的事情。此时的萨拉和萨穆埃莱还不知道等待他们的将是什么样的冒险。

那天晚上，萨拉、萨穆埃莱和科考村的所有同事在厨房旁的餐厅里用餐。

"萨穆埃莱，这是我的女儿安娜！"安德烈亚说着，指了指自己牵着的小女孩。

安娜顶着一头红发，颜色像加蓬的红土地，她的鼻子上满是雀斑，眼睛是像有的甲虫壳那样的碧绿色。

两个孩子立刻凑在一起开始聊天。她也是那天下午到的，而且整个夏天都会待在这里。

"明天你也来看大猩猩吗？"最后，安娜问他。

"当然！"萨穆埃莱大笑着回答，因为他喜欢这个开启新冒险的想法。

第二天黎明时分，他们就要启程了。太阳还没升起，萨穆埃莱回想起学校的清晨。在村子中醒来，不再被城市的高楼大厦和喧嚣噪声包围，这感觉是多么不一样啊……

安德烈亚昨晚对他们解释说，去看大猩猩的路很远。

"穿上你的凉鞋！"萨拉一边穿衣服，一边对儿子命令道。

"可是，这样一来我就相当于光着脚了……"仍然半梦半醒的萨穆埃莱表示反对。

"森林里的小路平坦但泥泞，常有覆盖着树叶的小水潭或沼泽……凉鞋更容易清洗。"

然后，他们走出家门，去餐厅吃早餐，最后上了车。

这时的太阳已经升起，金色的光芒洒在每一片叶子、每一棵小草、每一粒被碾过的泥土上。景色美极了。

"那是什么？"安娜指着他们眼前唯一一片不是深绿色而几乎是白色的区域问道。

"那是木薯花！"萨拉回答，"这种植物的根非常美味，可以研磨成一种细细的面粉，就是木薯粉，煮熟后就像粥一样。它是当地居民重要的营养食品之一。"

"我们早餐吃过，还记得吗？"安德烈亚头也没回地插话道。

"啊，对，那种甜汤……很好喝！"安娜回答，忍不住打了个哈欠。

时间还早，空气很清新，萨拉为了调动起他们的注意力，给他们讲了科科的故事。科科是她在关于动物行为的数千次深入研究过程中接触到的一只母猩猩。

"科科特别聪明，它会用手语表达自己。"

"真的吗？你是说它会用手语'说话'？"

"没错，萨穆埃莱，它认识两千多个单词。它的老师弗朗辛·帕特森在它一岁时就开始教它手语，这对培养它的技能大有裨益。"

萨穆埃莱认为大猩猩确实是一种不同寻常的生物。人类和大猩猩之间的相似之处似乎总也发现不完。

"它连镜像测试都通过了，这就不一般了……"

"镜像测试是什么？"

"这项测试能让我们了解大猩猩是否能够认出自己，或者它是否想认识另一只大猩猩。科学家会在大猩猩面前放一面大镜子，然后观察会发生什么。如果它像科科一样，开始用镜子里自己的映像来观察它原本看不到的身体部位，就意味着它认出了自己并通过了测试；相反，如果它像看到陌生生物一样，开始玩耍或攻击它在镜子里的映像，那么测试就失败了……后者有点像小猫咪在家被镜子里的自己吓到一样。"

"真的吗？"萨穆埃莱和安娜齐声问道。

"所以，每次我在镜子前做鬼脸就代表我通过了测试？"他继续大胆地说。

"镜像测试也许通过了，但对其他方面我有些怀疑。"妈妈开玩笑道，大家都笑了。

后来，尽管坐吉普车旅行一点都不舒服，就像坐在金属平底锅上，一直在上面颠来颠去，但萨穆埃莱和安娜还是累得睡着了。

当他们再次睁开眼睛时，目的地快到了。自然之美再次俯仰皆是。

安德烈亚把车停好，大家开始沿着一条小路前行。他们随着陡峭的山坡起起伏伏，穿过茂密的森林。他们数次停下来用双筒望远镜欣赏美景，倾听着四周的声音。

有一次，安德烈亚蹲下来观察一堆粪便。

"呃……"安娜发出难以置信的声音。

"这里有一些种子……"安德烈亚指着粪便中的一些黄色的果核解释道。

"说明大猩猩最近来过这里，也曾在这里进食。"萨拉环顾四周，说道，"我们离它们很近了！"

突然，他们听到了一些声音，不同于以往他们观测到的所有噪声，听起来像尖叫声和撞击声。安德烈亚愣了一下，示意其他人不要说话，然后让他们一个一个地凑到他身边。

浓密的植被把他们遮挡得严严实实。

孩子们并没有发现什么，直到萨拉拨开一些树枝并用手示意，他们才注意到。然后，他们就像透过钥匙孔观察那样，从树叶间隙看到了它们。

六只健壮的大猩猩就在几米外，身上覆盖着厚厚的黑色皮毛，简直与挂在安德烈亚办公室墙上的那些照片一模一样。它们的个头很大，比他们大多了，绒毯般的皮毛下露着闪闪发光的眼睛。它们在紧张地左顾右盼，警惕着每一个声响。它们个个都像戴了皮口罩，但真的非常漂亮。母猩猩在一边小心翼翼地照顾着小猩猩，公猩猩则似乎时刻准备着根据情况逃跑或者出击。

萨穆埃莱屏住呼吸，感觉自己的心怦怦直跳。他的妈妈也许注意到了他的紧张情绪，因为她伸出手轻轻地搭在了他的肩膀上。每个人都很激动，安娜张着嘴，双眼直盯着前方。这一切都让人如此紧张，但同时又难以置信地迷人。

突然，一只大猩猩站了起来，它竟变得如此之大，以至于从他们的角度都看不到大猩猩的头。只见那家伙开始捶打胸口，其力度之大使萨穆埃莱不自觉地后退了几步。然而，其他大猩猩都开始向它身边聚集，大喊大叫着，好像在鼓励它。

然后，它们好像约好了似的，同时沉默下来，把树枝

和灌木连根拔起后，便一起离开了。

阳光透过树枝照射在体形最大的那只大猩猩的背上，上面的毛闪烁着银色的光。

当这群大猩猩平静下来离去的时候，萨拉喃喃地说："太不可思议了……"

不一会儿，在激动的心情平复后，萨穆埃莱、萨拉和他们的两个新朋友朝着动物们离去的方向出发了。他们一直观察着那群大猩猩的动作，跟着它们四处走动，直到他们找到一片空地，才坐下来吃了点东西。萨拉和安德烈亚趁机向孩子们解释刚刚他们观察到的情景。

"大猩猩生活在由直系亲属组成的大家庭中，由一个成年公猩猩来领导它们……"

"是刚才站起来的那只大猩猩吗？"

"是的，没错。它在向我们展示自己的力量，吓唬我们并阻止我们入侵它们的地盘。"

"它做到了！"安娜大声说。自从它们离开后，这是安娜说的第一句话。

"它背上有银色的毛……"

"那是像它这样的成年雄性的典型特征，被称为银背。"

随着太阳高高升起，炎热的天气开始变得无法忍受，萨穆埃莱、萨拉、安娜和安德烈亚回到了村子里。

安德烈亚、萨拉撤回是为了查看在观察期间拍摄的照片。萨穆埃莱震撼于这些动物和它们的动作、行为，以至于他不仅当时没有注意到安德烈亚在拍它们，而且现在回想起来，他的心还会怦怦直跳。

"妈妈，你总跟我讲的那个生态学家叫什么？"

"那个发现大猩猩栖息地的生态学家吗？他叫迈克尔·费伊，是一位著名的生物与环境方面的科学家，1997年他曾带领'大样带（MegaTransect）'探险队去探险……"

"他做了什么？"

"在400多天的时间里，他在中非穿越了刚果和加蓬之间的一片森林。多亏了他，十几个自然保护区才得以建立。"

"那他为什么给探险队起这样的名字？"

"'Mega'是指他打算去探索一个极其辽阔的区域，而'Transect'这个词，科学家用它来表示一条生物带，意思是探险队将沿着这条生物带去寻找动植物……"

"那他在这次探险中做了什么？"

"他深入非洲的荒野，带领一队俾格米人去探索从未有人进入过的森林。一路上，他收集了各种数据，用的是随身携带的工具：摄像机、照相机、计算机、指南针和拓扑量尺。"

"什么是拓扑量尺？"

"这是一种测量行进距离的工具，把标有刻度的绳子从一棵树系到另一棵树上，来丈量走过的路。"

"他真是个天才！"

"是的，他非常聪明，但最神奇的是他能够通过气味和被咀嚼过的小玉竹的茎来识别大猩猩的存在。小玉竹是一种根状茎植物，大猩猩喜欢咀嚼它，就像嚼芹菜一样。因此，在渡河后不久，探险队就接近了一群大猩猩，当时它们正在森林间的一片沼泽地上安静地进食。费伊停下来观察其中一只母猩猩——脸很长，凸出的额头下有一双深色的眼睛。它有一头淡红色的毛发，两条手臂很粗壮，手掌又大又窄。突然，这只母猩猩转过身盯着他。它的目光带有如此强烈的感情，以至于让他注意不到周围的世界。你想知道最有趣的事是什么吗？"

"是什么，妈妈？"

"当这位科学家终于能把他的录像公之于众时，他说，在母猩猩与他对峙的那几秒钟里，尽管有一只烦人的苍蝇在叮他的脚，但他还是艰难地保持住了一动不动的状态。"

"太有趣了！那我们的探险队叫什么呢？"萨穆埃莱赶紧问。

"我们叫'一起去森林'！你喜欢吗？"

"太喜欢了！"

意外营救

第二天早上，萨穆埃莱睁开眼睛，温暖的光线从窗户透进来。房间里只有他一个人。他的枕头上有一张妈妈手写的便条，上面写着："我没叫醒你，因为今天的旅程对你们来说太具有挑战性了。安娜也会留在村子里。你们可以互相陪伴，戴金会照顾好你们的。一会儿见。"

萨穆埃莱收拾好走出门，安娜正坐在萨拉和萨穆埃莱家旁边的大石头上等他吃早饭。

小女孩一看到他就开心地笑着走到他身边。见到她，萨穆埃莱真的很高兴。她的眼睛显得更加漂亮了。

戴金在餐厅门口等着他们，给他们端上薄荷茶和配有果酱的白面包。然后，不等有人问，他就向他们解释起走哪条路可以到达一个小湖。

"它就在第一条路的尽头。你们可以去那儿游泳。那里很安全。它在村子的栅栏内，不会有动物靠近的……"

萨穆埃莱看着
安娜，她又给了他
一个美丽的微笑。
萨穆埃莱并不介意
看到其他动物，反
倒因为知道它们是安
全的而高兴。

就这样，他们一起出
发了。他们穿过植被走了大约
100米，几分钟后，就站在一片清
澈的水域旁。戴金是对的：它并不远，从那里
他们甚至可以看到他们的家。附近有一条潺潺的小溪，湖
边的空地被枝繁叶茂的油棕榈树遮盖着。萨穆埃莱觉得这
是一个非常迷人的地方，特别适合露营。

安娜和萨穆埃莱坐在岸边，开始在湛蓝的湖面上掷小
石子玩。偶尔会有一些翠鸟或者森林中的其他鸟儿从头顶
滑翔而过，去寻找食物或水源。

突然，他们身后传来一声尖叫。

安娜问："你听到了吗？"

萨穆埃莱点了点头。

孩子们沉默了几分钟，直到另一声尖叫响起。

"是从那边传来的……"安娜指着村庄栅栏的外面。

然后，她起身往那边走了几步。萨穆埃莱犹豫了片刻后也跟了上去。他们走得很慢，因为他们知道自己不应该远离村庄，但没人能抗拒那听起来令人痛不欲生的呼唤。

"我们必须穿过栅栏。"安娜接着说，"这儿有一条秘密通道。"

"你是怎么知道的？"

"相信我。"

这不是一条真正的通道：它看起来更像是一个狐狸洞或者别的动物挖的洞。孩子们蜷缩着爬到了另一边，然后起身拍掉身上的土，继续向前。

他们越往前走，叫声就越清晰。那是一种真正的哀怨的声音，促使着他们走得更快一点。安娜走在前面。森林越来越茂密，需要时不时扯掉一些树枝才能避免受伤，但她似乎并不害怕。萨穆埃莱也不甘示弱。

几分钟后，他们发现自己置身于一小片草坪上，面前有两棵大树，大树之间有一团巨大的黑色东西在摇晃。这团黑色东西只有一部分露在外面，剩下的都在洞里被一张网罩住，动弹不得。

萨穆埃莱和安娜看了半天，才弄清楚他们看到的是什么东西。

"这是一只大猩猩……"她低声说。

"我们必须得帮它。"萨穆埃莱坚定地说。

他们不知道该怎么做，但是他们必须做点什么。

"把网切断！"萨穆埃莱说，坚信自己找到了解决办法。

"可是怎么切断呢？"安娜碧绿色的大眼睛充满了对受困动物的怜爱。

"必须用锋利的东西。"

他们开始四处寻找有用的东西，最后找到了一块锋利的石头。萨穆埃莱开始用力地磨绳子，绳子慢慢地散开了。

安娜看着满头大汗的萨穆埃莱说："我来换你。"

他们花了一些时间，终于把网撑开，让大猩猩逃了出来。这时，他们突然看到了第二个小脑袋。那是一只小猩猩。大猩猩看到它的孩子与萨穆埃莱和安娜离得很近，开始坐立不安。此时他们已经确信它是一只母猩猩了。

"我们走，快点儿。"安娜低声说。

两个孩子有些没把握地朝后退了退，而大猩猩则走过去一把将它的孩子揽到了怀里。然后它靠两条后腿站了起来，凝视着他们。安娜紧紧抓住萨穆埃莱的手。接着，大猩猩向前走一步，他们向后退一步。突然，大猩猩转身跑去，消失在了枝叶之间。

萨穆埃莱盯着它们离开的方向，似乎希望看到它们回来。他感觉到了什么，但却无法用语言表达。如果他妈妈在这儿，她肯定可以做出解释。

就在这时，安娜用颤抖的声音问："你还记得回村子的路吗？"

萨穆埃莱点点头，因为他知道他们离村子并不很远。

就这样，他们满怀恐惧和惊奇，手牵着手出发了——希望不要迷路。他们好像还无法相信刚刚发生的一切：一只大猩猩和它的孩子被困住了，而他们救了它们。这真是一件令人难以置信的事情！

令人心痛的事

他们回到村庄，吉普车早就停在那儿了。戴金立刻上前迎接他们。

戴金问："你们玩得开心吗？"

然而，萨穆埃莱没有回答便问道："我妈妈回来了吗？"他想快点儿和妈妈分享在不远处发生的故事。

"她和安德烈亚刚回来，正在会议室里给所有研究人员开会。我觉得发生了什么情况。"

萨穆埃莱和安娜急匆匆地冲向办公楼，快速跑进会议室里。

所有研究人员都坐在那儿等待着。萨拉和安德烈亚在电脑旁交谈着，安德烈亚同时在传输似乎是今天早晨拍摄的一些照片。

"妈妈，我得告诉你一件重要的事情……"萨穆埃莱急切地说着，走到她面前。

"萨穆埃莱，现在不行。我们必须先告诉大家今天早上发生的事情，然后你再说吧。"

"到底发生了什么事情？"

"这件事很奇怪，不过，我希望你和安娜现在先出去玩一会儿。"

萨穆埃莱对那种眼神再熟悉不过了。妈妈着急地想让他离开那里，可能是为了不让他看到即将展示的照片。

小家伙没有争辩，垂头丧气地朝着会议室门口走去。

"跟我来……"安娜除了这三个字，什么也没说。

于是他们走出门。萨穆埃莱在会议室附近来回踱步。

安娜从附近的房间里拿出一把椅子，放到一扇敞开的窗户前。

"我们在这儿就能听到啦，要是你轻轻地探出身子，还能偷看……但可别被发现了，我可不想听到我爸爸的吼叫声！"

"你怎么对这个地方这么了解呀？"萨穆埃莱惊叹地问道。

"我虽然不怎么说话，但善于观察一切……"

萨穆埃莱冲她笑了笑。他开始喜欢安娜了。

接着，他跪在椅子上，竖起耳朵听会议室里的动静。

安德烈亚让大家都安静下来，他首先为大家能来到这里表示感谢，然后就让萨拉讲话。

"今天早晨，我们沿着森林西路探索。大概在这个地方发现了一片空地。"妈妈解释道。此时，萨穆埃莱想象着她正指向地图中的某个地方。

"令人遗憾的是，我们发现了几处斑驳的血迹，而且还不仅如此……"

萨穆埃莱能感受到妈妈声音中蕴含的情感，一种困扰着她的情感。从这个角度，他看不清楚投影仪幕布上的照片。但透过妈妈的面容，他发觉她不再像平常那样心情愉悦、精力充沛。他感觉到妈妈很难过。

突然，房间里一片哄乱，大家好像正在看什么可怕的东西。

"不久前一只体形庞大的动物死在了这里……"萨拉接着说道。

萨穆埃莱和安娜面面相觑，一言不发。

"一定有人看到了大猩猩的尸体……"安娜在最后解释道。

"这件事很奇怪吗？"萨穆埃莱问道。

"也许是有人杀了它……"安娜回答道。

萨穆埃莱沉思了片刻。

"你觉得这件事和我们今天救助的大猩猩有关系吗？"她耸了耸肩。

"我爸爸经常告诉我，森林里会发生很多奇怪的事。"

会议结束后，萨穆埃莱和安娜跑进了房间。

萨拉看到他们过来，立即看了一眼投影幕布，确保安德烈亚已经切断了投影仪与电脑的连接。

"今天发生了什么？"孩子们直勾勾地盯着她的眼睛问道。

萨穆埃莱想得没错，她的眼睛中有隐隐的忧伤，他从来没见过妈妈这样的神情。

"很不幸，我们发现了一只失去生命的大猩猩……"

"有人杀了它，对吗？"萨穆埃莱激动地大声问道。

"你怎么知道？"

"我猜的……因为你不想让我们待在这里……"

萨拉深深地叹了口气。

"宝贝，我只想让你在这儿玩得开心，度过一个轻松愉快的假期……但发生了这件事，我需要做点什么。"

"我明白，但我现在得告诉你一件非常重要的事情。"萨穆埃莱连忙说道。

"什么事？"

"今天早晨，我们去了附近的小湖，是戴金给指的路，但我们在玩的时候，听到了刺耳的尖叫声……"

萨拉惊讶地睁大了眼睛。

"什么叫声？"

"大猩猩的叫声。"

"确定吗？你是怎么听出来的？"

"因为我们看见它了，妈妈。"

"什么？"妈妈再次惊呼起来，安德烈亚也走了过来。

"我们朝着声音传来的方向走过去，就找到了它们。"

"你找到了它们？不止一只吗？"

此时，萨拉的脸色越来越红。

"等等！它们被网缠住了……"

"也许是个陷阱。"安德烈亚立即说道。

"我们想方设法磨断了几根绳子，让母猩猩挣脱了出来。"

"你怎么知道它是母猩猩？"

"因为它身旁还有一只小猩猩……"

萨拉惊讶极了，赶紧让孩子们一五一十地从头讲述事情的原委。

然后，她转向安德烈亚，说："一位母亲，独自带着它的孩子走近村庄……"

"你觉得这和我们今天发现的事情有关系吗？"安德烈亚迟疑地问道。

"我不确定，但我们必须找到答案。"萨拉若有所思地回答道。

萨拉沉默了片刻后说："孩子们，能带我们去你们今天发现那只大猩猩的地方吗？"

　　"我们救它的地方吗？"萨穆埃莱自豪地明确了一下说法。

　　妈妈向他露出了一天中难得的微笑。

　　"正是如此！告诉我们具体的位置。"

　　萨穆埃莱和安娜顺着森林里狭窄的小路在前面走着，他们的父母耐心地跟在他们身后。

可怕的图像

"这是一个弹簧陷阱。只要动物的爪子一碰到弹簧就会触发陷阱！"萨拉惊呼道，眼睛直勾勾地盯着不久前孩子们帮大猩猩挣脱束缚的网套。

"这是偷猎者设置的陷阱，这个陷阱几乎可以捕获任何动物。"安德烈亚痛苦地说。

"偷猎者？"萨穆埃莱的声音中透露出一丝担忧。

"他们是非法捕捉动物的猎人。"

"是他们杀了大猩猩吗？"

妈妈看了他一眼，又长长地叹了口气。

"很不幸，是这样的。"她用微弱的声音回答道。

"他们为什么要这么做？"

"为了吃它们的肉，或者卖掉它们……"

"卖掉它们？"萨穆埃莱百思不得其解。怎么会有人想要卖掉这么聪明可爱的动物呢？

"现在，我们最好回村子里去。"

萨拉不想继续回答儿子的问题。她不想让他知道真相。

那天晚上，大家坐在一起吃饭。萨拉和安德烈亚沉默不语，安娜也盯着盘子一言不发。幸好，戴金时不时地和他们聊聊天。

"我有个想法……"安娜在他们去端甜点时对萨穆埃莱说道，趁着他们的父母正在和同事聊天。

"什么想法？"萨穆埃莱问道，对她终于说话了而感到惊讶。他们回到餐桌上窃窃私语着。

"我们得暂时摆脱他们……"

小女孩忧心忡忡地用勺子挖着巧克力布丁，思考着该如何解决这个问题。

夕阳一点一点地落下山峦，留下一抹余晖。晚餐后，萨穆埃莱和安娜请求允许他们四处走走。

"不要以任何理由离开村庄！我和安德烈亚要去喝点咖啡。"萨拉说道。

安娜立即抓住萨穆埃莱的手，把他拉走。他们绕到了餐厅后方，一直跑到安德烈亚的办公室。

安娜从一块巨大的石头下取出一把钥匙，打开了门。

"如果我们被抓住，可就麻烦了。"萨穆埃莱低声说道，望向他们刚刚用餐的阳台。

安娜做了个滑稽的鬼脸，指了指敞开的门。几秒钟后，他们进入了房间。

他们关上身后的门，没有开灯。

"把窗帘拉上……"安娜命令道，"外面的人能看到屏幕上的蓝光。"

萨穆埃莱照做了，与此同时，安娜打开了萨拉的电脑。

他们蹲在地板上等待照片加载。图像一出现，他们立即明白了为什么父母不想让他们看到这些内容——真是可怕至极。接着，孩子们迅速关掉所有的开关，锁上门，然后悄悄地溜了回来。对于孩子们忽然陷入沉思、毫无说话欲望的状态，萨拉和安德烈亚没有半点察觉。

晚些时候，他们回到家里，萨穆埃莱坐在妈妈的床上，问她第二天自己是否也可以去森林里看大猩猩。

"不可以，宝贝。"

"你害怕我会看到更多死去的大猩猩吗？"

"事实上你还要受到惩罚……"

"惩罚？"萨穆埃莱难以置信地呼喊道。

"你们离开了村庄，超出了我们给你们规定的范围。"

"但我们救了一只大猩猩！"

"我知道，你们做得很好，但是太危险了。你们很可能要么掉进同一个陷阱，要么碰上偷猎者或者可怕的动物……你们太大意了！你想让我像去年一样被吓死吗？"

萨穆埃莱知道，如果他继续列出新的理由，妈妈会更生气，于是他没有争论，钻进了被窝。他无法停止地回想着他们看到的图像，他有些害怕他们在森林里发现的东西。但毫无疑问的是，他不害怕大猩猩。于是，他闭上眼睛，回忆起将他与巴杜联系在一起的美妙经历。谁知道安娜当时在做什么呢?

"妈妈,你可以给我讲讲那位'大猩猩女士'的故事吗?她叫什么名字呢?"

"她的名字叫戴安·福西,是历史上伟大的灵长类动物专家之一。她花费所有的积蓄搬到非洲生活,和大猩猩一起共度了18年之久。她的冒险是从一顶小帐篷开始的,她在那里扎营,观察大猩猩。她只能吃罐头食品,睡得也很少。"

萨穆埃莱好奇地继续问道:"然后呢?"

"经过几个月的观察,她意识到很重要的一点:要想不像偷猎者那样总是吓到大猩猩的话,只有一种方法可以接近它们……"

"是什么方法?"

"她必须让它们放松警惕并且信任她,于是,她开始模仿它们。"

萨穆埃莱大吃一惊道:"真的吗?你的意思是她表现得像一只猩猩?"

"没错。她开始用四肢走路,大声咀嚼树叶。随着时间的累积和些许练习,她甚至可以小心翼翼地模仿它们的一些声音。"

"所以它们接受她作为群体中的一员了吗?"

"戴安在她的书中讲述了她独自一人在山里生活时产生的所有启发性的思想。正是她首先提出了大猩猩会像人类一样组成真正的家庭的想法。"

"她曾经从树上掉下来，所有的大猩猩都跑去救她，是真的吗？"

"当然是真的。就在那天，她意识到成功接近它们的关键是激发它们的好奇心。那次戴安靠近了一群正在晒太阳的大猩猩，它们很生气，快速跑开了。她因为错过了能够近距离观察它们的好机会而感到遗憾，就爬到树上用望远镜观察它们。不幸的是，那棵树的树干非常滑。在她试图爬到一个更高的位置时，她脚下一滑，尖叫着摔到了地上。才几秒钟，大猩猩就都围在她身边看着她。她在书中说，尽管屁股疼，但她真的很开心。"

"她一定是个很招人喜欢的人。"

"我也这么认为。"

"妈妈，你想见见她吗？"

"特别想，对我来说，她是一位老师。她所做的所有工作、取得的所有成果为像我和安德烈亚这样的人学习成为动物行为学家提供了巨大的帮助。不仅仅是她，珍妮·古道尔也是研究灵长类动物的一位非常重要的动物行为学家。不过，我得下次再告诉你她的故事……现在赶紧睡觉！晚安，宝贝！"

新的族群

第二天，萨拉和安德烈亚决定去寻找走近村庄的那只大猩猩，以便理解它为什么会做出如此奇怪的行为。经过一番讨论，萨拉和安德烈亚决定带孩子们一起去，这样至少可以看住他们。毕竟，只是找一个合适的地方来观察，不会有什么危险。

萨拉确信大猩猩妈妈和它的孩子不可能走得太远，所以她组织了一次小型探险，计划天一亮就出发。计划很简单：抵达可以俯瞰村庄的小山顶，并在这个村庄旁边的湖面上方、海拔约 400 米的开阔山顶上设置观测点。那里的视野很好，借助双筒望远镜，可以观察到周围的一切。

登山的过程并不轻松，但是周围的一切都美极了。无论在哪儿，萨穆埃莱目之所及的都是相互缠着的树枝和树叶，阳光从缝隙里透进来，闪烁着，他被眼前的景色震撼着。在他身旁的安娜似乎也很开心，她欣赏着眼前的美景，眼睛像那些树叶一样碧绿。

他们已经在那里待了几小时。这时，在光秃秃的斜坡上有什么东西引起了安德烈亚的注意。

"你们看！那儿有什么东西！"

萨穆埃莱和安娜匆忙跑过去，他们非常好奇。

"是一群大猩猩！"萨拉的目光扫到那个正确的方向后惊呼道。

"妈妈，它们会是前几天我们遇到的那群大猩猩吗？"萨穆埃莱问着，又回想起当时离那些奇妙的动物竟然那么近，不禁兴奋起来。

"不好说……快看！"

"那是什么？"安娜问道。她的父亲用双筒望远镜朝萨拉指的方向望去。

"还有另一只大猩猩跟着它们，但距离很远！"她解释道，同时也拿起了望远镜。

"你觉得它是不是遇到了麻烦？也许它不太舒服。"

"我不这么认为。它的一举一动都充满了活力，只是离得有点远，如果它是一只母猩猩的话……"

萨拉没把这句话说完，因为在她说出脑子里闪出的想法之前，她会先仔细考虑一下。

安德烈亚、萨穆埃莱和安娜三人不再去观察那些动物，而是把注意力集中在她身上。

"妈妈，快告诉我们吧，别让我们坐立不安了。"萨穆埃莱恳求道。

萨拉放下望远镜，紧张地咬着嘴唇。

"我想这可能是另一只母猩猩，与昨天孩子们放走的那只同属一群大猩猩。"

"那它为什么与那群大猩猩分开呢？"安娜问。

"如果真像我猜测的那样，原来那群大猩猩的首领可能已经被杀，那些曾经在它保护下的母猩猩就落单了。但是想被新的族群接纳没那么容易，这通常需要一段时间。它可能想尝试向那群大猩猩表示它想加入队伍的意图，同时，那群大猩猩也在考验它。"

"这不是我们要找的那只大猩猩，对吗？因为那只带着孩子。"萨穆埃莱观察到了。

"我真的希望不是。"萨拉难过地回答道。很显然，她的脑海中闪过了一个不好的念头。

"你认为新的族群杀死了那只小猩猩吗？"安德烈亚插嘴问道。

"哦，不！"安娜立刻尖叫起来，不等萨拉回答，她就马上跑向了吉普车。

"安娜！"萨穆埃莱紧随其后，直到追上她。

"不能这样啊！"女孩抽泣着，蜷缩在地上，哭得满脸通红。

"不一定是这样……"萨穆埃莱尽量安慰她。

"你怎么知道？"安娜泪流满面地问道。

"我并不确定，但是我从我妈妈那里了解到，动物行为学家会做大量的假设。他们仔细观察、研究动物，提出一系列的问题，为的是找到更可靠的解释。不幸的是，动物无法告诉我们它们的感受，这就是为什么会有像我们父母这样的科学家，他们会试图去理解这些动物的行为。"

"我不认为这些动物很难理解。"安娜说。

"什么意思？"

"你还记得我们救它的时候那只大猩猩看我们的眼神吗？我从来没有见过有人会如此饱含感激之情地看着我。"

"是的，我想你是对的。"萨穆埃莱对他的新朋友说，他也回想起那双闪亮的、充满智慧的黑色眼睛。

"我们必须帮助我们的父母阻止那些人杀死大猩猩和它们的孩子。"她坚定地说着，擦干了脸上的泪水。

"那该怎么办呢？他们绝对不会允许我们去做危险的事情。"

"只有我们可以帮助它们了！那只大猩猩认识我们，我相信它对我们的信任会超过其他任何人！"

萨穆埃莱看着安娜，她正盯着远方的地平线。她已经下定决心去帮助那些大猩猩了，萨穆埃莱很高兴在探险的途中能与安娜相伴。

"孩子们，
快跑！"

一声叫喊
引起了他们的
注意。

一群大猩猩
出现在山顶空地的
另一边，它们停了下
来，仿佛在享受如此美好
的风景。它们离得很近，这次没
有被那些树枝和树叶遮挡。它们是那么高大、那么漂亮。

萨穆埃莱和安娜追上了他们的父母，然而安德烈亚却
拿起了步枪。

"你不是要杀了它们吧！"安娜尖叫起来，眼里噙着
泪水。

"当然不是，这把枪里装的是催眠弹。如果它们真的
攻击我们，这可以让它们睡一会儿。"

然而，那些动物似乎并不想靠近他们。它们好奇地看
着这几个人类，谨慎地保持着距离。不久之后，那群大猩
猩的首领发出了低沉的吼叫声，它抓住了一棵巨大的无花
果树的树枝，使劲地摇晃着。

"这是一种信号。"萨拉目不转睛地低声说道。她的

表情因为兴奋而格外明媚生动。

"是什么信号？"安娜用几乎没有人能听到的声音低声问道。

"它想让族群里其他大猩猩吃东西，并且告诉它们吃什么。"

"这真是太奇妙了！"

"你是说，我们在它们的餐厅里吗？"萨穆埃莱开玩笑道。

"差不多是吧。"他的母亲回答道。与此同时，所有大猩猩都在缓慢地挪动，围向那棵刚刚被摇晃过的树。它们的动作如此协调、谨慎又温柔，它们似乎只抓取那些它们真正需要的食物。

"大自然真是太神奇了！"萨拉兴奋地喊道，就好像她预感到不久之后即将发生什么似的。

两只小猩猩离开成年猩猩群，在一旁开始用长树枝玩拔河游戏。

"妈妈，它们在做什么？"

"就是在玩耍而已。"

"不是小猩猩，是那些大猩猩，它

们在那边……"

萨拉顺着儿子手指的方向望去，顿时笑了。有两只大猩猩躲在阴凉处，其中一只似乎正在另一只的毛发里找什么东西。

"它们是在梳理毛发。对它们来说，这是一种社交方式。动物们会帮助它们的朋友或者亲人摘去毛发里的跳蚤、蜱虫或者痂……"

"这是一种清理皮毛的方式吗？"

"不只这么简单，还有其他意义。对它们来说，这种行为是在表达：我爱你，所以我要照顾好你！"

直到进食完毕，那群大猩猩才离开那个地方。随后，探险小队目不转睛地盯着这些离去的动物走了很长一段路，其间它们还有序地排成单行队伍。一段时间后，它们消失在了植被中，但后来又出现在靠近村庄的湖边。它们停下来喝了点水，接着又重新上路了。

那天晚上，当萨拉冲凉后从浴室里出来，萨穆埃莱正坐在床上沉思。

"你有什么心事吗？"他的母亲问他。

"我在想你之前说过的那位动物行为学家，那个与大猩猩一起生活了 18 年的人……"

"戴安·福西！"

"对，就是她。那真是很长的一段时间，你不觉得吗？"

"你觉得奇怪吗？"

"有一点。大猩猩是很美好，但她不想她的家或者是她的妈妈吗？"

"这我不知道。我猜她是想的，但对那些喜欢与自然接触的人来说，我认为这些都是可以忍受的。我想她一定乐在其中。"

"那你能做到吗？"

萨拉轻轻摇了摇头。

"只有你和我在一起才行！"萨穆埃莱说道。

不速之客

第二天，萨穆埃莱又独自留在了家里。醒来后，他就去找安娜一起吃早餐了。戴金解释说，他们的父母在黎明时分就离开了，并嘱托他，这一次不要让他们离开自己的视线。

"真是的。把我们留在这里，那我们还怎么帮助他们呢？"安娜带着一种遗憾的语气抱怨道。

再说，在村子里也没什么事情可做，但只要他们试图离开，戴金就会出现，询问他们要去哪里。突然，一声尖叫吸引了他们的注意。

"一只大猩猩！"

那是厨师的声音。只见一个胖女人手里拿着刚倒空的垃圾桶，正朝他们跑来，围裙的下摆随着她的步伐飘动，呈现出一抹白色。

"那边有一只巨大的大猩猩！"

这时戴金跑开了，而萨穆埃莱和安娜则追上那个胖女人，好再问她一些问题。

"孩子们，不要动，我来对付它！"

戴金突然出现，手里拿着一支步枪。

"不要杀它！"萨穆埃莱呼喊道。

"我说了，你们要站在我身后！"戴金重复了一遍，慢慢地向大门走去。

那只动物就在他们面前。

"是它！"萨穆埃莱高声呼喊道，他确信这是前一天他们救助的那只母猩猩。

大猩猩像那次一样用后腿站了起来，它的脖子上挂着一只小猩猩。

戴金举起武器，用手指扣动扳机。

"不要！"萨穆埃莱惊恐地喊着扑向戴金，使他踉跄了一下，移开了步枪的枪口。

空气中回响着沉闷的枪声，大猩猩迅速转身逃跑了。幸运的是，子弹只击中了一棵树的树干。

"你疯了吗！"戴金瞪着小男孩的眼睛怒吼道。

"你那样会杀了它的！"

"但是我不会真的打到它，我只是想吓唬它一下，我不能让它进入村庄……"

萨穆埃莱转向安娜。

"我必须找到它。"他坚定地说，并用最快的速度跑出了大门，因为他知道他沉默不语的朋友会跟着他。

　　"你们快停下！"

　　戴金的声音变得越来越遥远，森林也变得越来越茂密……

森林中的"向导"

萨穆埃莱和安娜奔跑着，试图分辨他们所追寻的动物留下的痕迹——断裂的树枝、压扁的小草和弯曲的灌木。

他们看不到它，但能听到声音，并确信它离他们不远。

他们不知道如果追上了，它会做什么，但一想到它可能掉进另一个陷阱或遇到一个偷猎者，他们就感到害怕。他们必须找到它。

"啊，救命！"

一声呼喊传到了萨穆埃莱的耳中，把他吓了一跳。

他转过身，看到安娜倒在地上。

"发生了什么？你受伤了吗？"

他跑回去把他的朋友扶起来。她全身都是泥土。

"我被绊倒了。"她解释说，她抱歉地摇了摇头，"我们跟丢了它，这都是我的错……"

"你还能走路吗？"

"我的脚踝有点疼，但还能忍受。"

"别担心。现在，我们先找个地方坐下来，休息一会儿就掉头回去。"

四周绿树环绕，要弄清回去的方向真的很困难。

"我们该往哪儿走？"休息了几分钟后，安娜问道。

"这边……"萨穆埃莱回答道。他是假装记得的，希望在她害怕之前他们能够找到路。

他搂着安娜的肩膀，两人一起在众多枝叶之间移动。安娜瞪大了眼睛，她吃惊或害怕时总是这样。

"我想，我们迷路了……"她靠着萨穆埃莱一瘸一拐地边走边说。

"看！"萨穆埃莱突然惊呼。

他们停了下来，但仍相拥着。大猩猩的眼睛正注视着他们，离他们非常近。

这只动物用它的手臂拨开灌木，然后慢慢地向前走去，似乎是想给孩子们引路。

他们跟随着它。它在两人前面慢慢地走着，时不时就转过身来看看他们。

小猩猩挂在妈妈身上，它盯着这两个孩子看，动了动嘴巴，好像在咀嚼什么，样子非常可爱。

就这么一步一步地走着，他们终于来到了村庄附近。这时，大猩猩停了下来并让他们走了进去。于是，萨穆埃

莱和安娜回到了村子里。他们哆哆嗦嗦、一瘸一拐地走着，对眼前所发生的事情感到难以置信。

过了一会儿，他们看到萨拉正心烦意乱地在戴金面前挥舞着手臂。

"现在他们去哪里了？你为什么放他们走？"她担心地喊道。

"妈妈！"萨穆埃莱喊她。

她转身向他跑去。

萨穆埃莱看到她脸上露出又喜又怒的表情，迫不及待地告诉她刚才经历的奇遇。

"我的天啊！我担心死了。戴金告诉我，你们去追一只大猩猩了，你们疯了吗？"

"妈妈，我可以解释……"

"以后吧！现在我们必须先治疗安娜的脚踝。"

安德烈亚把女儿抱在怀里，他们一起走向村子里离他们最近的一栋建筑，在那里给安娜的脚踝上药。

"你们为什么要追着大猩猩跑？"萨拉用担心多于愤怒的语气问道。

她知道，这只大猩猩就是前一天孩子们从陷阱里救出来的那只。

"这是我的错！"萨穆埃莱立即毫不犹豫地说，"它被枪声吓坏了，我担心它还会掉进另一个陷阱，或者像我们在照片中看到的那些大猩猩一样被杀死或受到伤害……"

"那些大猩猩？"萨拉惊讶地问，"你们还做了哪些我们不知道的事？"

萨穆埃莱和安娜四目对视。他已经露出了马脚。

"来吧，说出来！"

"我们看到了那些照片……"小男孩低声说道。

"什么照片？你在哪里看到的？"

"在爸爸的电脑上，我们昨晚进了他的办公室……"安娜下定决心说了出来，但声音中带着一丝不安。

"你们做了什么？"安德烈亚的声音充斥着整个房间，"你们没有权利做这样的事，更没有权利离开村子。"

"我们很抱歉！我们只是想，或许能提供一些帮助……"

"帮助？就是惹麻烦吗？当知道你们未经允许在森林里游荡时，我们怎么能专心工作并帮助大猩猩呢？你们所做的事情是非常危险的。"萨拉说道，她的脸再次因愤怒而变红，"你们再也不许离开这个村子！而且，接下来的日子，你们都要在会议室里做作业。我会让戴金看着你们俩的。"

孩子们垂头丧气地低着头，但并不后悔。他们知道自己已经帮助了一只处于危险中的大猩猩，而它也以自己的方式回报了他们。

在被斥责后，萨拉和萨穆埃莱一言不发地回到了家。

"他们为什么要这样做？"在进入房子前，萨穆埃莱问道。

"你指的是什么？"

"他们为什么要这样伤害那些大猩猩呢？照片上的那些大猩猩。"

萨拉停了下来，在他们门边的大石头上坐下。突然间，她在萨穆埃莱面前显得很疲惫。

"你看，亲爱的，有时人们会做一些可怕的事情。我无法给你一个解释，我只知道，你还太小，还无法理解某些事情，特别是无法看到某些事情的本质。"

"人类真是残忍。"萨穆埃莱低声说着，突然哭了起来。那些照片在他的脑海中很清晰。

萨拉紧紧地拥抱着他。

"你知道是谁干的吗？"萨穆埃莱继续问。

"我们认为是偷猎者。我们觉得他们遇到了一个大猩猩家族，而那个族群的首领，也就是我们发现的那只死亡的大猩猩，它为了让自己的同伴们逃跑而战斗到最后。这并不是所有大猩猩都能做到的。"

"它是个英雄……这就是你之前说的，如果幸运的话，大猩猩可以活很久的意思吗？它们不应该遇到这样的坏人！"男孩一边说，一边用手掌擦拭着眼睛，"那你们现在打算做什么？"

"我们正在评估情况。如果我们把这些照片交给媒体，就会引起轩然大波，全世界都会想帮助大猩猩。"

"这是件好事。"萨穆埃莱若有所思地说。

"我只是担心会处理不当，还可能有人从中牟利。"

"那安德烈亚是怎么想的？"

"事实是，我们今天又有一个可怕的发现，而且……"

"另一个？发生了什么事？"

萨拉还没来得及回答，就有人大喊着她的名字。原来是安德烈亚。

"那只母猩猩回来了！"

萨拉和萨穆埃莱立即站了起来，向村口跑去。

一个大猩猩的大脑袋从栅栏上探出来。

"等等！"萨拉跑到队伍的前面命令道。这只大猩猩警惕地向后退了一步，但当它看到熟悉的两个小家伙出现在人群中时，点了点头。

　　这看起来像一个问候。

　　"它认出你们了。"萨拉拉着她儿子和安娜的手惊讶地说道。

　　"蹲下，"她接着说，"我们必须显得没有威胁。"

　　孩子们蹲下并慢慢地靠近大猩猩，移动了几步后，突然发生了一件不寻常的事情。

　　大猩猩把小猩猩放在了地上，然后拉着它的手，迎面走近这两个孩子。

　　大猩猩停下来，发出了一种叫声。萨拉模仿了它——两位母亲正在向对方介绍她们的孩子。

　　然后，小猩猩松开了妈妈的手，向这一小伙人走来。萨拉拉起它的手，一边盯着它的母亲，一边把它带到了安德烈亚准备好的一个装满水果的篮子附近。萨拉剥了一根香蕉，就像萨穆埃莱看过的故事书里写的那样，小猩猩在它母亲的注视下把手上的香蕉吃了个精光。

　　萨拉要求所有前来围观的人尽可能地远离。

　　在此期间，这只大猩猩已经走到了它的孩子身边，和它一起进食。

　　萨穆埃莱走到他母亲身边，紧紧握住她的手。这一切都太美好了，他知道她肯定也在想同样的事情。

不久，安德烈亚跑了回来。

"我认为这只大猩猩是我们的沙基！你们看这个……"他边说边展示着他去办公室拿的照片，与他们面前的这只动物进行对比。

萨拉拿着照片仔细看了看，然后把视线移到了离她几米远的正在吃香蕉的动物身上。

"我想你是对的。凹凸不平的鼻子和不规则的耳朵让它显得与众不同。不同的是，如今它变成了一位母亲，但我要说，它的生存本能和智慧并没有改变！"

他们在那个晚上谈论了后来发生的事情。

沙基在吃饱后，拉回了它的孩子，把它放到自己的脖

子上，然后走了。萨拉把那篮水果搬到村外，这样大猩猩妈妈就能再次找到它了。

　　"你在想什么？"萨穆埃莱问道。他们累得要命，却面带微笑。

　　"一只母猩猩独自在森林里活动，这真的很奇怪。"

　　"你和我经常独自去闯荡世界呀！"

　　萨拉突然大笑起来。

　　"你是对的，萨穆埃莱！我们是一个团队。不过，我

们现在去睡觉吧，明天还有很多事情要做。"

"妈妈，今天发生的另一件坏事是什么？"

"我们明天再谈这个问题，亲爱的。我想在这一天结束时脑海里只有我们的大猩猩朋友和它的宝宝。如果你不在那里，我想它不会相信我们。"

"你觉得它认出我了吗？"

"我确信它认出来了！你和安娜救了它的命，更重要的是，你们救了它的孩子！这是一个母亲永远不会忘记的事情。"

萨拉在说这些话时，眼神都亮了起来，似乎她已经想到了什么，但萨穆埃莱太累了，没有再问其他问题。

"妈妈，给我讲一个关于大猩猩的故事，你认识的一只大猩猩！"

"让我想想……有一只大猩猩名叫约翰·丹尼尔。它恰好来自我们之后要去考察的地方。1918年，它被法国士兵捕获，彭尼少校决定将它留在身边。可惜的是，他忽然意识到他不知道如何照顾这只动物，所以他决定把它送到英国，他的一个住在村庄里的姐姐那里。他姐姐的名字叫艾丽斯，她和丈夫收养了约翰，对它像对待孩子一样。它有自己的房间，去学校上课，还喜欢在家自制苹果酒。"

"就像它是一个真正的人类孩子那样！"

"对，没错，但我要告诉你的是：虽然约翰·丹尼尔曾经和附近的其他孩子一起在公园里玩耍，但不幸的是，随着它的成长，它不能再住在家里了。因此，它被送到了美国纽约动物园。但是，它刚一到达，就陷入了悲伤不已的状态。它不吃不喝，最重要的是它失去了所有的活力。总而言之，它对任何事都没有反应，也不再像以前那样玩耍……然后，动物园里的一位负责人决定告知它以前的主人，让他们快点儿过来看看它。"

"然后发生了什么？他们过来把它接走了吗？"

"可惜它的英国妈妈没有及时赶到……"

"真的吗？"

"约翰·丹尼尔拒绝进食,没过多久,它就死了。"

"小可怜……它太想念家人了……"

"是的,动物被赋予了非凡的敏感性。大猩猩在这方面和我们很相似……"

危急时刻

第二天一早，安德烈亚和安娜就来到了会议室。萨拉一进去就惊呼道："我相信所有的一切都是有关联的！"

"你这话是什么意思？"安德烈亚走近她问道。

"沙基和它的孩子独自在森林里，被杀死的公猩猩和小猩猩，还有我们昨天早上看到的跟着大猩猩群的那只……"

"小猩猩？他们还杀了小猩猩？"萨穆埃莱惊呼道。他希望妈妈可以说一些安慰他的话，也许是他理解错了，但是她没有这么做。

这就是他妈妈前一天晚上提到的另一件坏事。

"很不幸，昨天我们在森林里又发现了两只死掉的小猩猩。"她解释道，"我们应该做些什么来阻止这些偷猎者。"

两个孩子互相看着对方的眼睛，他们看起来都很担心。安娜的脚踝上还缠着绷带。

"我想是偷猎者杀死了想要保护自己族群的公猩猩，但是它的死也带来了一些后果。因为大猩猩是一种高度社会化的动物，生活在首领统治的家族中。一旦没了首领，这个群体的成员就要加入其他群体。"

"它们会找一个新的族群？"

"没错，萨穆埃莱。一个接纳它们的新群体和一个新的需要服从的首领……"

萨拉停顿了一下，她在整理思路。

"当带着孩子的母猩猩加入一个新的族群时，它也会遭受很多不好的事情……"

"什么事情？"萨穆埃莱和安娜齐声问道。

"新的首领会杀了另一个首领的孩子来彰显它的地位。"

两个孩子目瞪口呆。

他们无法忘记一天前看到的吃香蕉的小猩猩。它是多么可爱啊！想到这里，安娜的眼睛又红了。

"所以，可以确定的是，我们看到的那只公猩猩是被猎人杀死的，它族群里的另外一些成员也一样。它的缺席导致它所保护的母猩猩要去其他群体寻求庇护，但是在那里，它们的孩子就要被牺牲。这也就可以解释为什么那只母猩猩远远地跟在其他大猩猩后面，因为在那个新的部落里，它还没有一席之地。但我还是不明白，这与昨天大猩猩来到这里有什么关系？"安德烈亚问道。

"只是一位母亲要救它的孩子。"萨拉说。

"你认为它决定独立生存？"

"也许是的。这个代价对它来说太高了。这是一种很罕见的行为，但是确实发生了。得到另一个群体的庇护就意味着它的孩子必死无疑……"

"但它永远也做不到！森林里有太多危险，它太脆弱了。"安德烈亚说。

"这就是为什么我们要找到它，监测它。"

"我们也一起去。我们可以帮助你们！"萨穆埃莱呼喊道。

"不要再说了。你们做的事已经够多了，我不想让你们再冒险了……"

"但是，妈妈，它相信我们。我们救了它，还有它的孩子。这是一个妈妈永远都不会忘记的事情！这是你说的，妈妈！"

安娜用带着自豪和赞许的目光看向萨穆埃莱。

他们准备好了一切。在离开前，萨拉把水果篮放在了村口，嘱咐村民不要靠近，以免人们吓到昨天来的那只大猩猩。而且，如果有人见到它，就要立即用无线电通知她。四个人都上了吉普车，开始四处搜寻。在萨拉看来，它们不会走太远。对大猩猩妈妈来说，这个村庄是一个安全的地方，而沙基是一只非常聪明的动物，它是不会自己离开的。

汽车行驶得很慢。萨拉和安德烈亚观察着周围的一切，拿着一副大望远镜时不时地轮流观测。他们到达斜坡的坡顶后，决定停下来看一看风景。他们在这里享受着美丽的风景，虽然已经看过很多次，但是每天都是焕然一新的，真的很不可思议。他们目光所及之处都被绿意盎然的森林所覆盖。森林向西一直延伸到可以看到动物出没的空地，向东则延伸到边境附近村民种植和管理的茂盛的香蕉树和棕榈树。这里看起来真的像天堂一样！

休息了一会儿之后，他们开车驶向那片空地，希望在那里可以发现沙基和它的孩子。车开到空地附近，安德烈亚就停下了车，他们分头行动：萨拉和萨穆埃莱走小路继续前进；安娜由于脚踝受伤，留在了吉普车上，她的父亲则监测附近的区域。

走了几分钟，萨穆埃莱和他的妈妈发现了一个用石头围成的半圆形，看起来就像是用碎灌木填充的兽穴。

"这是什么？"

"这也许是它们的床。"萨拉迅速回答道，"如果我们幸运的话，它们会在天气开始变热的时候再回来。"

她还没来得及解释原因，两人就听到了奇怪的声音。

"是枪声！"萨拉惊呼道，并抓住她儿子的胳膊，"你马上往回走，去安德烈亚那儿，明白吗？"

"你打算干什么？"

"我要继续跟着，安德烈亚可以定位我的手机。现在，你赶快回去！"

萨穆埃莱很害怕，但是也很担心妈妈和沙基。他拼命地跑，祈祷可以尽快回到吉普车上，希望安德烈亚可以帮助妈妈。

萨穆埃莱跑回车所在的位置，安德烈亚已经手握方向盘了，因为萨拉已经用手机通知了他。小男孩飞身上车，和安德烈亚一起用GPS（全球定位系统）追踪他妈妈的行踪。他的心提到了嗓子眼儿。他把头伸出了窗外，希望不要再听到枪声。

安德烈亚拿起电话，向保护区的每一个警卫发出通知，提供找到他们的确切位置。

"我要带你们回村子去！"他开始倒车。

"不！"萨穆埃莱喊道，用力抓住他的胳膊，"我们不能把妈妈留在这儿！"

"我马上回来接她，我向你保证。但是，你们必须待在

安全的地方！"

"别这么做，爸爸！"安娜突然说话，打破了沉默。

"孩子们，这太危险了！"安德烈亚坚持说。

孩子们互相看着对方的眼睛。萨穆埃莱忍不住哭出声来。这时，安娜打开了车门，在她爸爸惊讶的目光的注视下，不顾脚踝的伤，跳了下去。

"安娜，你站住！"

"我就留在这儿！你要和我一起吗，萨穆埃莱？"女孩问他的朋友。萨穆埃莱也立刻下车，没有想太多。

安德烈亚长叹一口气。

"好吧！你们上车，但是得答应我不要惹祸！"

萨穆埃莱和安娜又对视了一下。安娜大大的眼睛透着坚定的目光，萨穆埃莱也感到自己更勇敢了。于是，他们又一起开车去找萨拉。

走了几分钟，安德烈亚惊呼道："她停下了！"眼睛盯着手机屏幕上代表萨拉位置的光点。

"不是很远……"他继续说道。

他停下车。

"安娜，你得待在这儿，等着警卫过来。你答应我，不许下吉普车。萨穆埃莱，你跟我来。"

女孩点点头，脸上的雀斑因恐惧和紧张而颤抖不已。

萨穆埃莱和安德烈亚在森林里慢慢地走着。光点显示，萨拉就在几米之外，但是树木枝叶像墙一般挡住了他们的视线。

他们稍微移开一些树枝，萨穆埃莱的心仿佛一下被人攥住了。

他的妈妈站在那片空地的中心。她张开双臂，保护着身后的沙基和它的孩子。而就在她的对面，一些人正端着枪对着她。

萨拉用余光看到大猩猩扭头向着另一个方向看去。她跟着转过头去，看到了树枝后面的萨穆埃莱和安德烈亚。

"妈妈！"萨穆埃莱大喊，同时挣脱安德烈亚的控制，跑了过去。

"萨穆埃莱，不要！"萨拉尖叫道，"你们不要过来！"

"但我不能把你留在这儿！"

她实在太紧张了，无法对他露出微笑。

"现在你站在我后面，别动！"

沙基向萨穆埃莱伸出爪子，一把就把他和自己的孩子一起拖到了身后。

时间似乎静止了。萨拉大声喊出了自己的名字，向那些人解释自己是世界著名的动物行为学家。如果自己和同伴在这里被杀死，那么偷猎者永远也逃脱不了惩罚，这将引发一场前所未有的国际冲突。

然而，偷猎者并没有要离开的意思。他们端着枪，一

动不动。

萨穆埃莱很钦佩妈妈的勇气，祈祷那些偷猎者可以放下武器。他能听到自己心脏跳动的声音，身旁大猩猩刺鼻的气味让他感到头晕目眩。

"我再重复一遍，如果你们伤害了我们，你们也脱不了干系！保护区的警卫会逮捕你们的！"萨拉颤抖着说。

那些人互相看了看，第一次显得有些犹豫。然后，他们身后传来的声音让他们的神情大变。突然，他们试图逃跑，但没能成功，因为在几分钟之内，他们就被保护区的警卫包围了。警卫队解除了他们的武装，逮捕了他们。

萨拉和萨穆埃莱紧紧相拥。

"这次你真的吓到我了，妈妈！"他一边说着，一边把头深深地埋在她的怀里。

一个看起来像是警卫队队长的人向他们走来，告诉他们现在安全了。

他一边给萨拉指路，一边郑重地说："您冒了很大的风险，夫人！但是，现在您得跟我过来，因为我们要记录下您的证词。"

与此同时，安德烈亚也回到了安娜的身边。

"警卫队把萨穆埃莱和他的妈妈抓走了吗？"安娜问爸爸。

"他们只是去协助调查，不久就会回到村子里了。"

"那些坏人呢？他们会被抓进监狱，对吧，爸爸？"

"我很希望是这样，亲爱的。但是如果我们无法证明他们杀了大猩猩或其他动物，他们就不会在里面待很久……"安德烈亚观察着，看到萨拉和萨穆埃莱登上了警卫队的车。

"如果在动物身上发现的子弹与他们的枪所使用的子弹型号相吻合，那么我们就可以告诉所有人发生了什么。公众的关注可能会促使政府限制他们的行为，禁止猎杀大猩猩。但是现在，萨拉和萨穆埃莱都不在，我们有更重要的事情要考虑。"

爸爸和女儿一起转过身去看沙基和它的孩子，它们正在玩耍，就好像什么都没发生一样。

安德烈亚看着他的女儿，拉着她的手说："我们要做的第一件事就是给这个小家伙起个名字。你想叫它什么，亲爱的？"

"我想叫它萨姆！这会让我想起萨穆埃莱。"安娜说道，脸上微微发红，绽放出灿烂的笑容。她很开心能认识萨穆埃莱，与他一起经历这次非凡的探险。

"很棒的主意！你的朋友也一定会很高兴，这样，即使将来他走了以后，我们也会记得他。"

"他们很快就要离开了吗？"

"我想，也许再过几个星期吧，他们得回意大利了。

如果我们能阻止偷猎者，萨拉在这里的工作就完成了。"

　　"但是，有一天，你会带我去看他们吗？"

　　"当然了，亲爱的！我们也会回到家里。到时候，我们所有人的重逢一定很美好！"

返回村庄

回村子的这段路程对每个人来说都非常难忘。安德烈亚和安娜护送着两只猩猩，它们就像在散步一样。他们开着吉普车远远地跟着它们，因为每当听到引擎的声音，沙基就会焦躁，然后开始咆哮。

几小时后，萨拉和萨穆埃莱也搭警卫队的便车回来了。当太阳下山时，他们四人一起在湖边建了一个由树叶和石头搭成的小窝。

"这里很安静。"

这两只还没有离开他们的动物，在这个地方四处游走，就好像在巡查一样。

然后，萨拉做了一件有趣的事情。她躺在它们简陋的床铺上，就像要睡觉一样。

所有人都目瞪口呆地盯着她看，沙基好奇地走过来，几分钟后，它坐在她旁边。它转过头去找它的孩子，用一

种我们从没
听到过的声音，把它
叫了过来。

萨穆埃莱也依偎在母亲的
怀里，萨拉终于回到了自己的
小家伙身边。

"你为什么躺下？你想让
它看看该怎么做吗？"萨穆
埃莱问道。

"算是吧。我想起了我
的老师在大学里教我的东
西。他是一位非常著名的
动物学家，曾在非洲待
过很长时间，与大
猩猩为伴。他

说它们是求知欲很强的动物。有点像你！他曾在课堂上说，有次他在一个观察大猩猩的营地生活，有一天早上发现自己就在一个大猩猩家族的旁边，他一靠近，它们就跑了。因此，他决定爬上一棵树，好观察它们的去向。他发出了很大的声音，因为他以为动物们已经走远……"

"就这样吗？他跟丢它们了吗？"

"它们都在他身边……"

"真的吗？"

"它们站在一起，仿佛是准备欣赏表演的观众。他让它们很感兴趣。于是他意识到，想要让它们接受自己，他只需要引起它们的好奇心。"

"你认为沙基和萨姆明天早上还会去那里吗？"

"我猜会的。它们会吃一顿丰盛的早餐，然后出去散步。"

"它们会遇到危险吗？"

"大自然充满不确定性，萨穆埃莱，任何事情都可能发生。但我们可以保护它们……"

湖畔之夜

那天晚上，萨拉给他们讲了另一个故事。它是萨穆埃莱最喜欢听的故事之一。

这是一个关于小婴儿的故事，他尚在襁褓中，被一只名叫卡拉的大猩猩在一棵树旁发现。卡拉刚刚失去了孩子，所以它决定把这个小婴儿带上，当作自己的孩子抚养。那个婴儿就是泰山。

萨穆埃莱开心地笑了。他喜欢故事中泰山放弃离开森林的决定。泰山留下来，想要保护陪伴他成长的大猩猩免受偷猎者的袭击。那些偷猎者想要抓到它们，并将它们卖给欧洲的动物园。泰山偷偷接近被抓的大猩猩，认出了他的大猩猩父亲哥查——那只从未接受他成为族群一员的大猩猩。哥查受伤了，生命危在旦夕。泰山竭尽全力阻止坏人接近他的族群，成功地赶走了偷猎者，哥查终于承认了他这个儿子。

事实上，正如萨穆埃莱所想，萨拉讲泰山的故事并不是为了逗他们开心，而是为了解释人类与大猩猩之间的相似之处。

"我们与大猩猩、黑猩猩和红毛猩猩这些灵长类动物都有很多相似之处。"她大声说，"在解剖学中，我们与这些灵长类动物的生理构造非常相似，这是由于我们与它们的 DNA（脱氧核糖核酸）也有许多相似之处。当然，与我们不同的是，它们的语言中枢没有进化，仍然习惯于生活在森林中，它们也不像我们那样只用下肢走路。不过，小猩猩会像刚出生的婴儿一样，用类似的方式表达需求。首先，它们与成年猩猩进行视觉交流，然后用手指出它们想要什么……"

妈妈的解释非常清楚。

萨拉讲完后，萨穆埃莱起身走向湖边。

"等等我！"

安娜一瘸一拐地跟着他。萨穆埃莱转过身，把手递给她。作为回应，她紧紧握住了他的手。

"谢谢你！"他轻声说。

"谢什么？"

"谢你今天跳下吉普车。我太胆小了，不敢这样做……"

"我相信，为了我，你也会这样做的，不是吗？朋友就该这样。相互保护，相互帮助！"

萨穆埃莱看着她的眼睛。有好朋友陪伴的感觉真好。

很快，他们就来到湖边。明月高照，倒映在波光粼粼的水面上，让周围的世界充斥着令人着迷的气氛。

当然真正的奇观还是沙基和萨姆，就在几步之外，它们相拥而眠。

他的妈妈说得对：这样看来，它们与人类并无不同……